Sitzungsberichte
der Akademie der Wissenschaften
der DDR
Mathematik Naturwissenschaften Technik

13N

1975

Heinrich Kriegsmann

# Aussagemöglichkeiten und Grenzen der Analysenmeßtechnik für die Strukturanalyse

AKADEMIE-VERLAG · BERLIN

Sitzungsberichte
der Akademie der Wissenschaften der DDR
Mathematik — Naturwissenschaften — Technik

Jahrgang 1975 · Nr. 13/N

Heinrich Kriegsmann

# Aussagemöglichkeiten und Grenzen der Analysenmeßtechnik für die Strukturanalyse

AKADEMIE-VERLAG · BERLIN
1976

Vortrag und Diskussionsbeiträge
gehalten in der Sitzung der Klasse Chemie
am 13. 6. 1974

Herausgegeben im Auftrage
des Präsidenten der Akademie
der Wissenschaften der DDR
von Vizepräsident Prof. Dr. Heinrich Scheel

Erschienen im Akademie-Verlag, 108 Berlin, Leipziger Straße 3—4

Lizenznummer: 202 · 100/162/76
Gesamtherstellung: VEB Druckhaus Köthen
Bestellnummer: 752 988 4 (2010/75/13/N) · LSV 1205
Printed in GDR
EVP: 3,—

## Inhalt

Heinrich Kriegsmann

# Aussagemöglichkeiten und Grenzen der Analysenmeßtechnik für die Strukturanalyse

Die Analytik hat sich in den letzten 25 Jahren besonders rasch entwickelt und gewandelt. Sie ist heute ein interdisziplinärer Wissenschaftszweig zwischen Chemie, Physik und Gerätebau, der auch für viele andere Wissenschaftsgebiete wie Biologie und Medizin, Werkstoffwissenschaften, Umweltschutz u. a. von hervorragender Bedeutung ist. Im Rahmen der Entwicklung hat neben der ursprünglichen Frage nach der qualitativen und quantitativen stofflichen Zusammensetzung die Frage nach dem strukturellen Aufbau immer mehr an Bedeutung gewonnen. Sie ist heute ein zentrales Problem, da bekannt ist, daß die Eigenschaften der Stoffe von ihrer Struktur bestimmt werden.

Die folgenden Ausführungen beschäftigen sich mit einigen Entwicklungstendenzen der Strukturanalyse. In einem ersten Teil werden einige solche Tendenzen thesenartig aufgezeigt. In einem zweiten Teil werden Beispiele aus eigenen Untersuchungen gebracht, die die Thesen stützen und illustrieren sollen, ohne daß die Verbindungen zwischen These und Beispiel immer explizit dargestellt werden.

## 1. *Thesen*

— Die Struktur eines molekularen Systems umfaßt die Gesamtheit aller qualitativen und quantitativen Informationen über die Anordnung und Dynamik der Atomkerne, über die Wechselwirkungen zwischen den Atomen und über die Elektronendichteverteilung. Die Einbeziehung der Moleküldynamik in den Strukturbegriff ist heute noch nicht allgemein üblich, wird sich aber mit Sicherheit durchsetzen.

— Zur Strukturuntersuchung werden heute fast ausschließlich physikalische Methoden — in einigen Fällen gekoppelt mit chemischen Methoden — eingesetzt.

Die Meß- und Auswertemethodik für die Aufklärung der statischen Struktur ist heute in der Regel weiter entwickelt als die für die dynamische Struktur.

Für die Strukturaufklärung benutzt man heute überwiegend physikalische Methoden der Analysenmeßtechnik, die auf der Wechselwirkung zwischen Strahlung und Materie beruhen.

— Ziel der meisten Strukturanalysen ist es, Struktur-Eigenschaftsbeziehungen herzustellen. Die Beziehungen zwischen Struktur, Eigenschaften, Meßparametern physikalischer Analysenmethoden und Theorie (Quantenmechanik, statistische Mechanik) lassen sich wie folgt veranschaulichen (vgl. Abb. 1).

Es gibt eindeutige Zusammenhänge zwischen der im obengenannten Sinne definierten Struktur und den Meßparametern der physikalischen Meßmethoden,

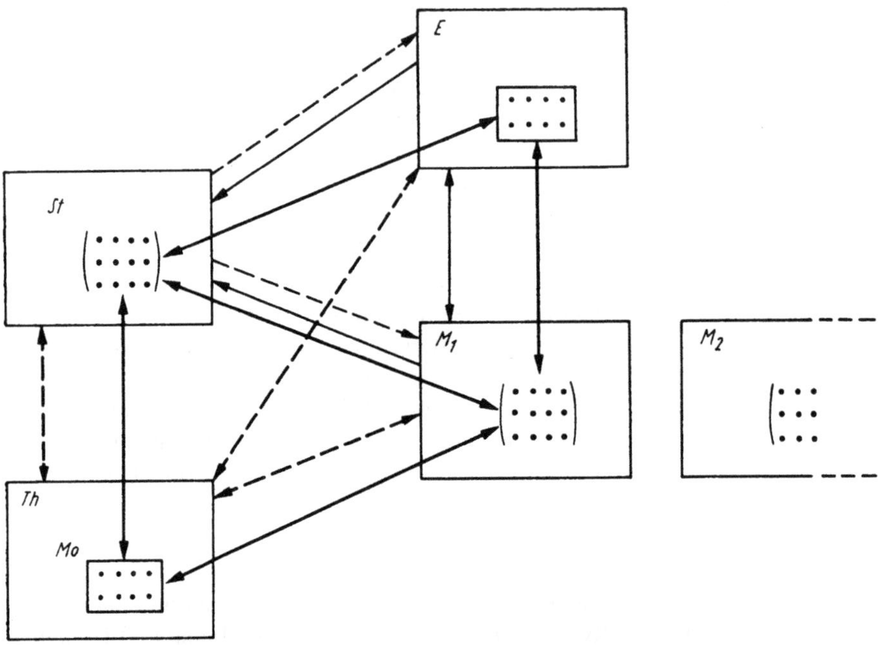


St = Struktur — eindeutiger Zusammenhang
E = Eigenschaften — Zusammenhang im allgemeinen nicht herstellbar
M = Meßmethode bzw. -parameter — Zusammenhang vorhanden, aber für praktische Zwecke nicht immer anwendbar (Aufwand!)
Th = Theorie — Zusammenhang näherungsweise darstellbar
Mo = Modell

Abb. 1 Zusammenhänge zwischen Struktur, Eigenschaften, Meßparametern und Theorie

desgleichen zwischen Struktur und Moleküleigenschaften. Diese Beziehungen existieren unabhängig von unserem Bewußtsein. Die Beziehungen im umgekehrten Sinne, also zwischen Meßparametern und Struktur bzw. Moleküleigenschaften und Struktur sind ebenso wie die zwischen Eigenschaften und Meßparametern im allgemeinen nicht herstellbar.

Zwischen Struktur und Theorie, zwischen Moleküleigenschaften und Theorie sowie zwischen den Meßparametern und der Theorie existieren direkte Beziehungen. Sie sind aber wegen des damit verbundenen hohen theoretischen und rechnerischen Aufwandes für praktische Zwecke in vielen Fällen nicht anwendbar.

Zwischen Elementen der Strukturmatrix und Teileigenschaften der Moleküle, Elementen der Strukturmatrix und einzelnen Meßparametern der Meßmethoden, Teileigenschaften und Meßparametern, Elementen der Strukturmatrix und Teiltheorien (Modellen) sowie einzelnen Meßparametern und Modellen lassen sich angenäherte Beziehungen herstellen. Das Herausarbeiten und Verbessern dieser angenäherten Zusammenhänge ist heute das Kernstück der methodischen Forschung zur Strukturanalyse. Strukturaussagen aus Meßparametern sind um so eindeutiger, je besser die Elemente der Strukturmatrix mit einzelnen Meßparametern korrespondieren. Dies hängt sowohl vom untersuchten System, der geforderten Strukturinformation als auch von der jeweiligen Meßmethode und dem Meßparameter ab. Da die einzelnen Meßmethoden und -parameter unterschiedlich auf die Elemente der Strukturmatrix ansprechen, liegt es auf der Hand, daß die Strukturinformation sicherer wird, wenn man mehrere Methoden bzw. Parameter zur Aufklärung heranzieht. Die optimale Methodenwahl ist die Kunst des Strukturanalytikers.

— Die Sicherheit und Genauigkeit der Strukturaussage wird durch folgende Faktoren beeinflußt:

  (Reinheit der Substanz), Genauigkeit bei der Ermittlung der unmittelbaren Meßparameter (Frequenz, Intensität, chemische Verschiebung, Ionenhäufigkeit u. a.).

  Genauigkeit und Sicherheit bei der Ermittlung abgeleiteter Parameter der Methode auf der Basis der Theorie der Methode selbst (Kraftkonstanten, Bindungsabstände und -winkel u. a.), die Güte und Zuverlässigkeit der in der Skizze als durch Näherung herstellbar bezeichneten Zusammenhänge.

  Das schwächste Glied in dieser Kette bestimmt den Gesamtwert der Strukturaussage.

— Die z. Z. wohl wichtigsten und am meisten eingesetzten Methoden zur Strukturaufklärung von Molekülen sind:

  Röntgenkristallstrukturanalyse, Neutronenbeugung, hochauflösende NMR-Spektroskopie, IR-, Raman-, UV-Spektroskopie, Massenspektroskopie, Elektronenresonanzspektroskopie, Mößbauerspektroskopie, Photoelektronenspektroskopie. Eine Wichtung dieser Methoden ist ohne Willkür nur schwer möglich, da ihr optimaler Einsatz vom Problem und von der Art und Beschaffenheit der Probe abhängig ist.

So kann die RKSA in der Regel nur bei festen Stoffen, die hochauflösende NMR-Spektroskopie bei Flüssigkeiten, die Massen-Spektroskopie bei verdampfbaren Stoffen eingesetzt werden, während die ESR-Spektroskopie an das Vorhandensein ungepaarter Elektronen, die Mößbauerspektroskopie an den festen Zustand und das Vorhandensein von Mößbauerkernen gebunden sind. Am universellsten sind die optisch-spektroskopischen Methoden einsetzbar.

— Die Empfindlichkeit der meisten o. g. Methoden ist in den letzten Jahren so gesteigert und die Aufnahmetechnik so verbessert worden, daß es heute möglich ist, von geringsten Substanzmengen in Volumenphase Strukturanalysen durchzuführen. Durch entsprechende Techniken können in vielen Fällen auch schon dünne Schichten und Grenzflächen strukturanalytisch untersucht werden. Hier ist aber vielfach noch eine Empfindlichkeitssteigerung nötig, um für Strukturzwecke einwandfrei auswertbare Spektren zu erhalten.

Die Meßgenauigkeit vieler für die Strukturanalyse eingesetzter experimenteller Parameter reicht für die statische Strukturanalyse aus. Erschließbare Reserven liegen hier besonders in den Intensitäten der Schwingungsspektren, die erst jetzt durch apparative Entwicklungen und Kopplung der Geräte mit Rechnern besser zugänglich werden. Für die dynamische Strukturanalyse bedarf es fast durchgängig weiterer apparativer Verbesserungen.

— Durch die on- und off-line-Kopplung der Analysengeräte mit elektronischen Rechnern sind der nutzbare Informationsgehalt und die Genauigkeit der Methoden wesentlich erhöht, die Analysenzeiten beträchtlich gesenkt worden. Diese Entwicklung steht erst in der Anfangsphase.

— Die mit den jetzt bekannten strukturanalytischen Methoden prinzipiell verfügbare Information wird nur zu einem relativ kleinen Teil genutzt. Deshalb wird ein wesentlicher Schwerpunkt auf der Weiterentwicklung dieser Methoden in apparativer und präparationstechnischer Hinsicht ganz besonders aber auch bezüglich der weiteren theoretischen Durchdringung der Methoden selbst und ihrer Verbindung zur Theorie liegen.

— Darüber hinaus werden auch neue Methoden Bedeutung für die Strukturanalyse erhalten. Davon lassen sich bereits nennen: Ultrakurzzeitspektroskopie, hochauflösende NMR-Spektroskopie im Festkörper und höchstauflösende Elektronenmikroskopie, möglicherweise hochauflösende Laserspektroskopie.

— Die Strukturanalyse ist heute kein Arbeitsgebiet mehr für einen Einzelnen, sondern läßt sich ökonomisch und rationell nur von einem größeren Kollektiv erfahrener Wissenschaftler mit Spezialkenntnissen über die verschiedenen Methoden durchführen.

## 2. *Einige Beispiele zur Strukturanalyse*

In Zusammenarbeit mit Dähne [1] u. Mitarb. wurden bei uns Polymethine mit verschiedenen Methoden untersucht. Hier sollen nur kurz die Röntgenbeugungsuntersuchungen von Kulpe [2] und die $^{13}$C-NMR-Messungen von Radeglia [3] diskutiert werden.

Die Polymethine haben die in Abbildung 2 gezeigte allgemeine Formel. Das Problem war, die Zusammenhänge zwischen Struktur, Ladungsdichte, Elektronendichte und Eigenschaften zu bestimmen. Polymethine sind wichtige Sensibilisations- und Laserfarbstoffe. Im festen Zustand fand Kulpe durch Röntgenkristallstrukturanalyse die in Abb. 3 an einem Beispiel dargestellte Winkel-

Polymethinfarbstoffe $\overbrace{X-(CH-CH-)_mCH-Y}^{(2m+4)\pi}$

Cyanine $[(CH_3)_2\overline{N}-(CH=CH)_mCH=N(CH_3)_2]^{\oplus}$ I

Merocyanine $(CH_3)_2\overline{N}-(CH=CH-)_mCH=\underline{\overline{O}}$ II

Abb. 2 Allgemeine Formel der Polymethine

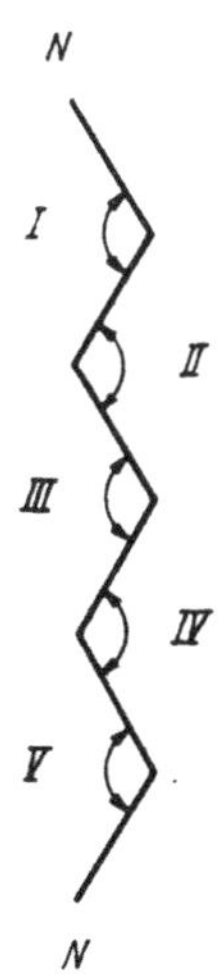


| | P1 | T1 | T2 |
|---|---|---|---|
| I | 124.8° | 125.2° | 126.2° |
| II | 117.8° | 116.2° | 117.4° |
| III | 122.6° | — | — |
| IV | 118.6° | — | — |
| V | 126.6° | 123.1° | 126.9° |
| σ(x) | 0.5 | 0.9 | 0.5 |

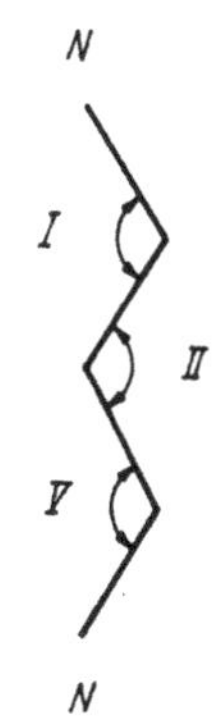


Abb. 3 Winkelalternierung in Cyaninen[2])

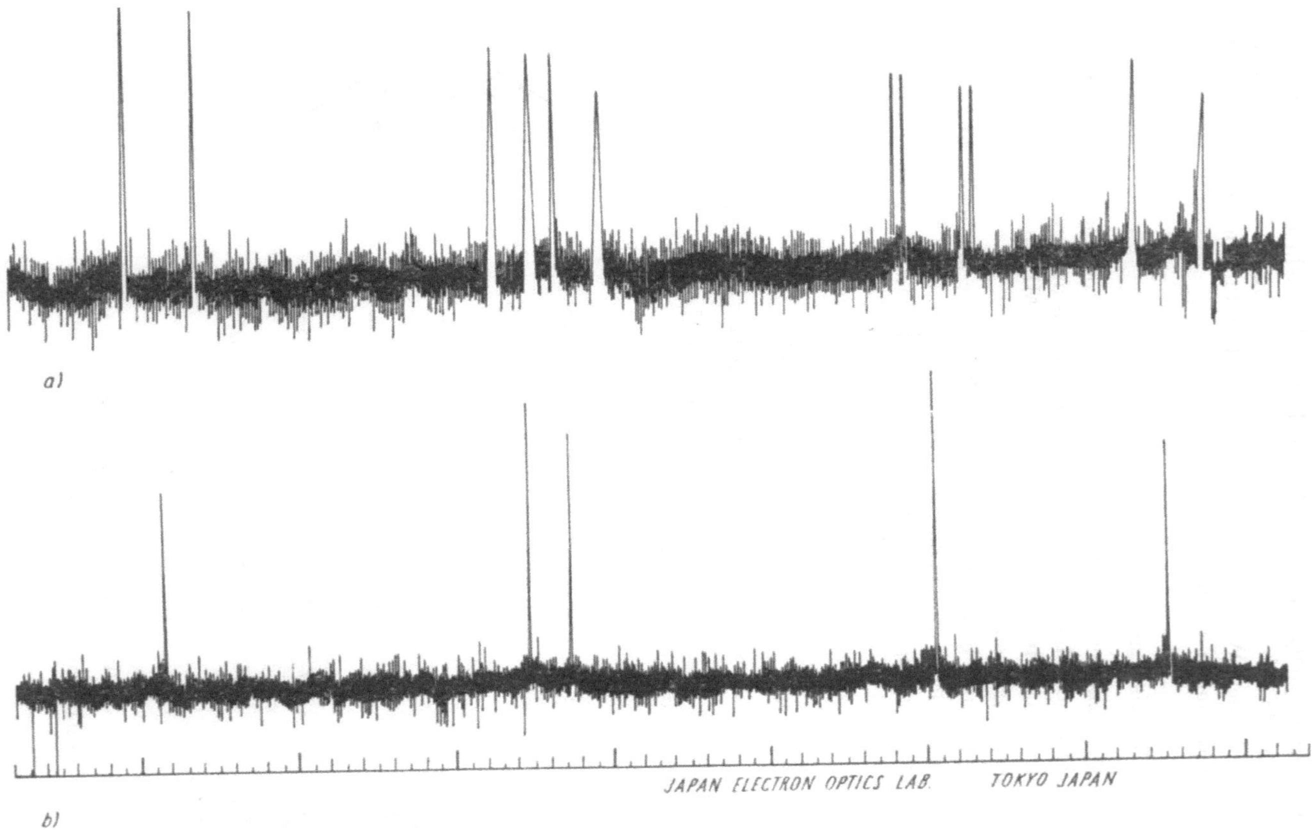


Abb. 4 $^{13}C$-NMR-Spektren des Dimethylamino-pentamero-cyanins
a) ohne, b) mit $^{1}H$-Rauschentkopplung. Es sind nur die Signale der 5 $sp^2$-hybridisierten Kohlenstoffe gezeigt[3])

alternierung, RADEGLIA [3] hat u. a. die $^{13}C$-NMR-Spektren im flüssigen Zustand gemessen und interpretiert. In Abb. 4 b ist deutlich erkennbar, daß im Spektrum des Dimethylaminopentamerocyanins für jedes der 5 $sp^2$-hybridisierten Kohlenstoffatome ein Signal auftritt. Abb. 4 a zeigt die Kopplungsaufspaltungen ohne Rauschentkopplung. Abb. 5 zeigt unten die $^{13}CH$-Kopplungskonstanten I (CH) für Cyanine (I) und Merocyanine (II) aufgetragen über der Position der Kohlenstoffatome in der Kette. Oben ist der in CNDO/2-Näherung berechnete Ausdruck $F_{CH} \cdot (P_{CH})^2$ über der Kettenlänge aufgetragen. $F_{CH}$ ist dabei ein Korrekturfaktor, der die Orbitalkontraktion berücksichtigt, $P_{CH}$ ist die s-s-Bindungsordnung zwischen C und H. Die gute Übereinstimmung zwischen dem Gang der Kopplungskonstanten und dem des Ausdruckes $F_{CH}$ $(P_{CH})^2$ ist nur zu erreichen, wenn bei den CNDO/2-Rechnungen die Winkelalternierung berücksichtigt wird, die also offensichtlich auch in Lösung erhalten bleibt. Zentren großer $\pi$-Elektronendichte entsprechen großen Kopplungskonstanten und kleinen Winkeln und umgekehrt.

Das Alternieren der Bindungswinkel in den Polymethinen erlaubt eine mögliche Erklärung des Mechanismus der Sensibilisation photographischer Schichten [4]. Nach quantenchemischen Rechnungen wird die Elektronendichte an

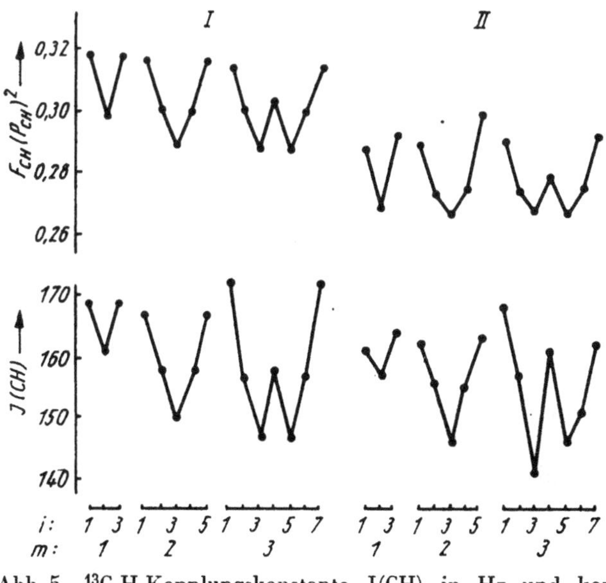


Abb. 5 $^{13}C$-H-Kopplungskonstante J(CH) in Hz und korrigierte ss-Bindungsordnungsquadrate $F_{CH}(P_{CH})^2$ der Methinelemente CH von I, II in Abhängigkeit von Kettenlänge m und Position i

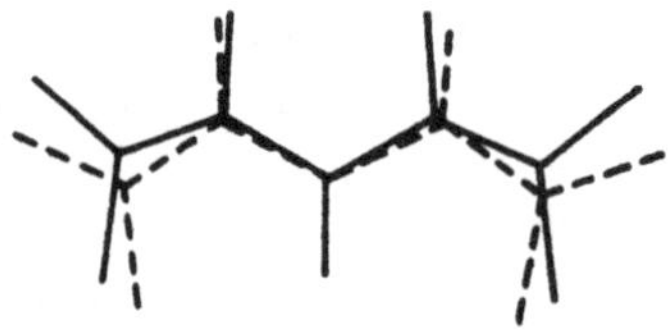

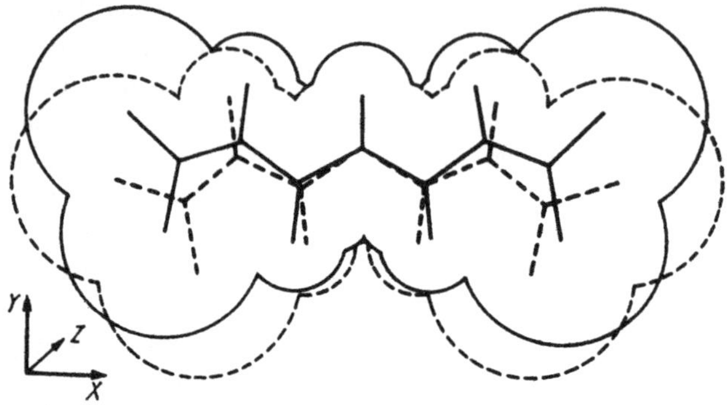


Abb. 6 Molekülgerüste eines Bis-dimethylamino-trimethin-Chromophors (oberes Bild) und eines Bis-dimethyl-amino-pentamethin-Chromophors mit Angabe der Van-der-Waals-Wirkungsradien (unteres Bild). Die durchgezogenen Linien geben näherungsweise die gemittelten realen Geometrien im Grundzustand von mehreren Röntgenstrukturanalysen wieder. Die gestrichelten Linien repräsentieren die nach PPP-Rechnungen vorausgesagten Geometrien für den ersten Singulett-Anregungszustand unter Berücksichtigung der Winkelabhängigkeit von der $\pi$-Ladungsdichte

den einzelnen Kohlenstoffatomen beim Übergang vom Grundzustand zum ersten angeregten Zustand geändert. Dies ruft auch eine Änderung der Bindungswinkel hervor. So liegt im angeregten Zustand eine Struktur vor, wie sie durch die gestrichelten Linien in Abb. 6 dargestellt wird. Die Winkelalternierung bewirkt also einen intensiven Kontakt der Endgruppen des Cyaninmoleküls im angeregten Zustand mit der photographischen Schicht und so möglicherweise auch die Sensibilisierung.

Die Leistungsfähigkeit der $^{13}$C-NMR-Spektroskopie bei der Untersuchung von Konfigurationsproblemen komplizierterer Naturstoff-Moleküle soll am nächsten Beispiel gezeigt werden (Abb. 7) [5]. Für jedes der 24 C-Atome des Steroids tritt im $^{13}$C-Spektrum ein Signal auf. Die in Abb. 8 angedeutete Zuordnung der chemischen Verschiebungen der 17- bzw. 16-, 17-substituierten Östratriene erlaubt die Unterscheidung der Konfigurations-Isomeren und die zweifelsfreie Zuordnung zur α- bzw. β-Konfiguration.

Die Ermittlung der Struktur von Silikaten ist ein vielbearbeitetes schwieriges

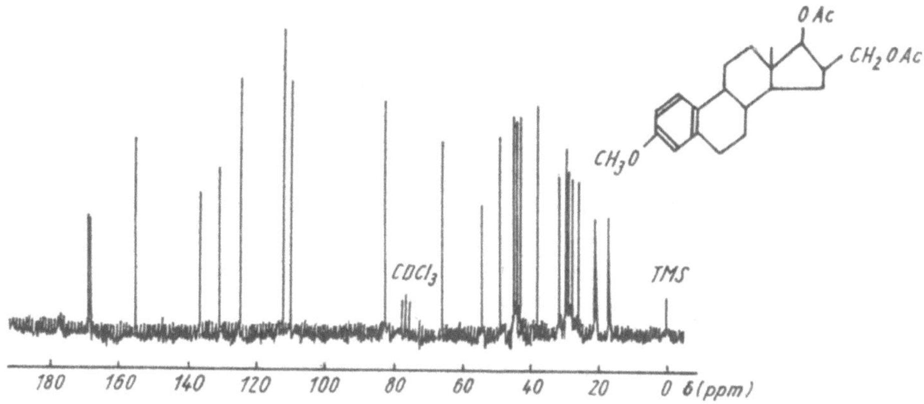


Abb. 7 Protonenrauschentkoppeltes $^{13}$C-NMR-Spektrum von 3-Methoxy-16β-methylenacetoxy-17-acetoxy-1,3,5(10)östratrien (0,39 g in 1,5 ml $CDCl_3$)[5])

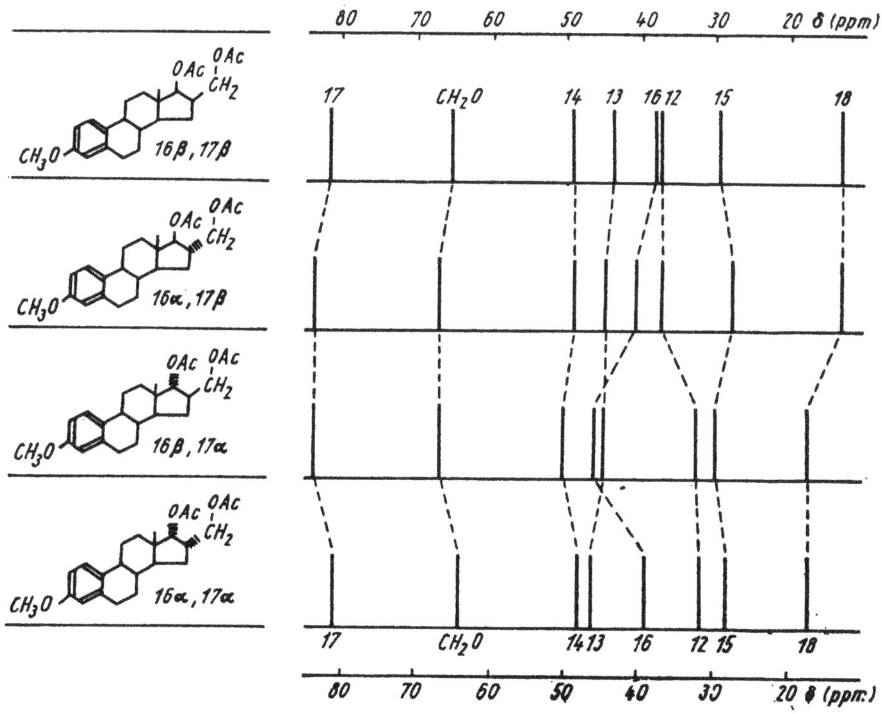


Abb. 8 Konfigurationssensitive $^{13}$C-NMR-Signale stereoisomerer Östratriene[5])

Problem. Von ENGELHARDT u. Mitarb. [6] durchgeführte $^{29}$-Si-NMR-Messungen an wäßrigen Silikatlösungen gestatten zwischen Monosilikationen ohne SiOSi-Verknüpfung, Endgruppen mit 1 SiOSi-Verknüpfung, Mittelgruppen mit 2 SiOSi-Verknüpfungen, Verzweigungsgruppen mit 3 SiOSi-Verknüpfungen und Vernetzungsgruppen mit 4 SiOSi-Verknüpfungen zu unterscheiden (Abb. 9). Die Gleichgewichte zwischen den verschiedenen Silikationen sind vom Alkali : Silicium-Verhältnis bzw. von der Konzentration an Silikat abhängig und lassen sich eindeutig spektroskopisch verfolgen.

Für die Auswertung der Silikatspektren waren unsere Erfahrungen an den Organosiloxanen [7] (Abb. 10) sehr nützlich.

Auf dem Gebiet der Infrarot- und Ramanspektroskopie beginnen wir Bandenprofile zu untersuchen, um Aussagen über die Moleküldynamik zu erhalten. Erste Ergebnisse von REICH [8] zeigt Tab. 1. Die Relaxationszeit τ ist hier die

Tabelle 1
Relaxationszeiten aus Ramanspektroskopie [8] und NMR-Spektroskopie [9]

| Substanz | τ (NMR) psec | τ (Raman) psec |
|---|---|---|
| $C_6H_5SiH_3$ | 1,4 | 1,8 |
| $(C_6H_5)_2SiH_2$ | 2,3 | 2,6 |
| $(C_6H_5)_3SiH$ | 6,5 | — |
| $(n\text{-}C_3H_7)_3SiH$ | — | 11,0 |

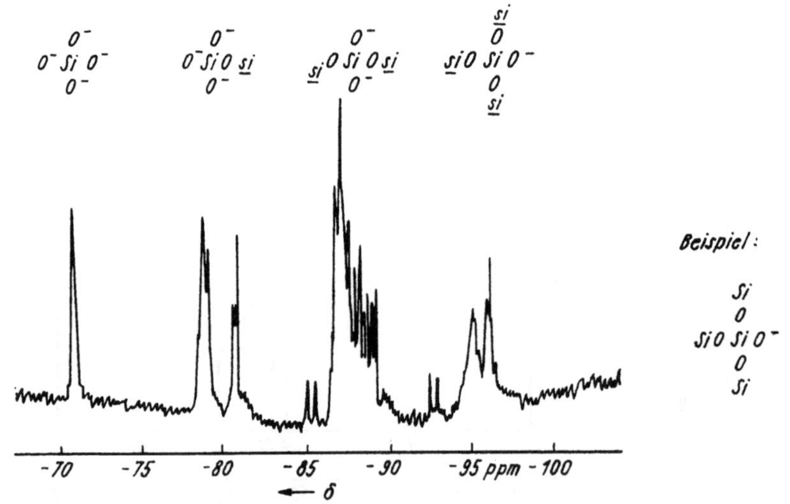


Abb. 9 $^{29}$Si-NMR-Spektrum einer 2,7 m wäßrigen Na-Silikatlösung ($NaOH:SiO_2$ = 1:1)

Zeit, in der die Molekülschwingung ungestört durch Reorientierungsbewegungen des Moleküls oder Teilen davon bleibt. Die Übereinstimmung der Raman- und NMR-Daten ist gut.

Das nächste Beispiel soll zeigen, was die moderne Ramanaufnahmetechnik zu leisten vermag. PILZ [10] hat die Zusammensetzung von $Ga_xIn_{1-x}P$-Mischkristallen untersucht. Der Wert von x bestimmt die Farbe der aus diesem Halbleitermaterial bestehenden Lumineszenz-Dioden. Die Proben für diese Ana-

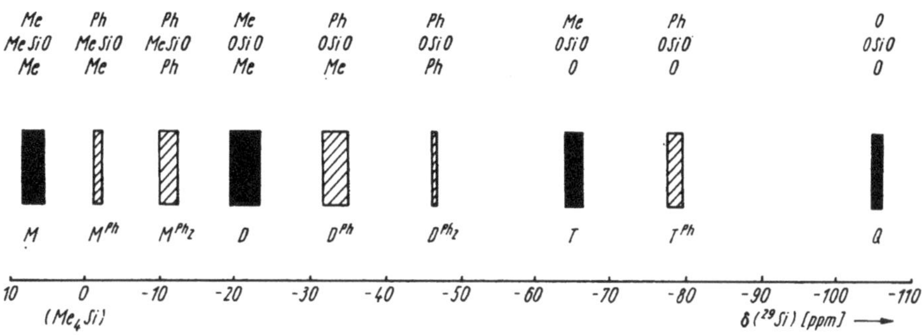


Abb. 10 Bereiche der $^{29}$Si-NMR-chemischen Verschiebungen für verschiedene Struktureinheiten von Methylphenyl-polysiloxanen

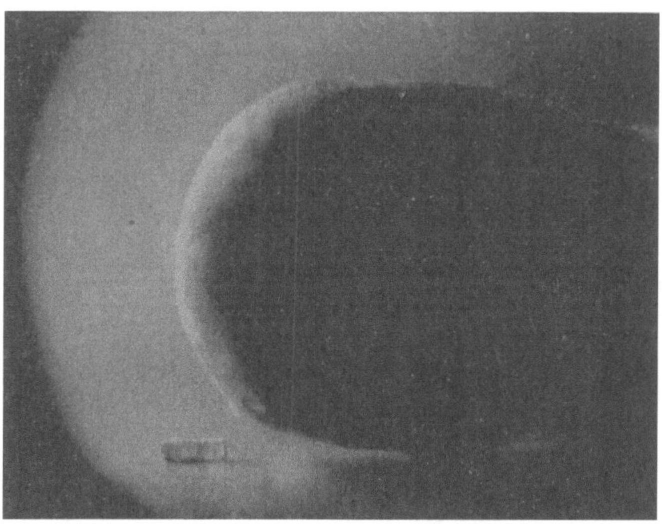

Abb. 11 Größenvergleich GaP-Diode und Streichholzkopf

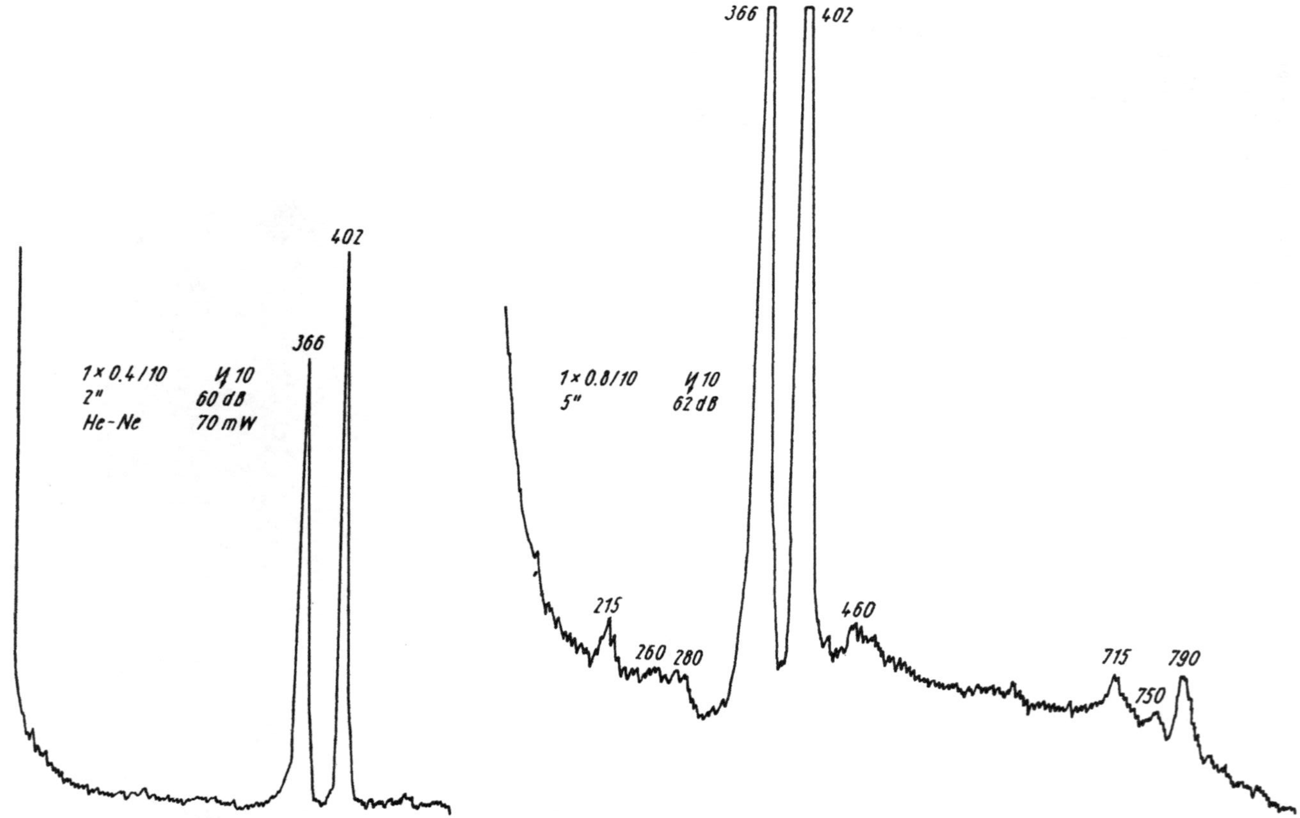


Abb. 12 Raman-Spektrum einer GaP-Diode 0,4 × 0,4 × 0,13 mm

lysen sind sehr klein. Abb. 11 zeigt eine solche Diode neben einem Streichholzkopf, Abb. 12 das Ramanspektrum der Diode. Aus der Lage der LO (longitudinal optical) Frequenz des Mischkristalls läßt sich x mit einem Fehler von etwa 3% bestimmen.

Kunath u. Mitarb. haben ein Spektrometer zur Registrierung diffuser Reflexionsspektren im mittleren Infrarot (400—4000 $cm^{-1}$) entwickelt und eingesetzt. Die Abbildungen 13 und 14 lassen klar erkennen, daß die Remissionstechnik bei der Charakterisierung von Oberflächen stark streuender Pulver anderen Meßtechniken überlegen ist. Die Bestimmung von Verunreinigungen in feinverteilten Pulvern wie etwa Polymeren ist so bis zu etwa $10^{-2}$% möglich.

In der Massenspektrometrie setzen wir zwei verschiedene Meßprinzipien ein: Einmal wird die Häufigkeit der Molekül- und Fragmentionen als Funktion der Massenzahl bestimmt (Abb. 15). Dies führt zur allgemein bekannten Strukturaufklärung aus Fragmentionen, die hier nicht weiter betrachtet werden soll. Aber in vielen Fällen ist auch die Möglichkeit zur Bestimmung der relativen Elektronenverteilung gegeben. Ein Beispiel von Dube [11] soll dies zeigen

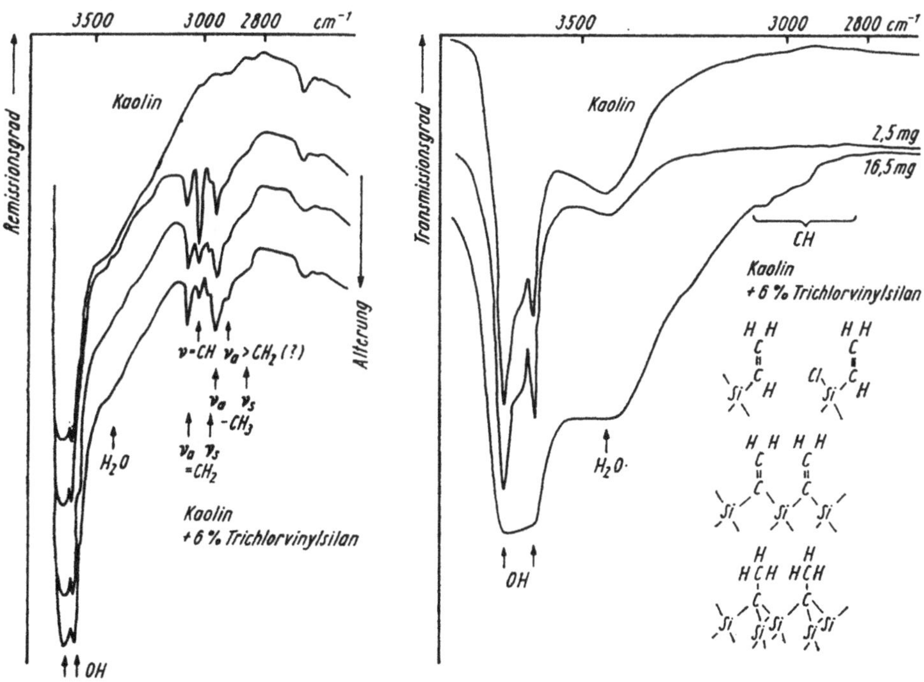


Abb. 13 IR-Remissions- und Transmissionsspektren

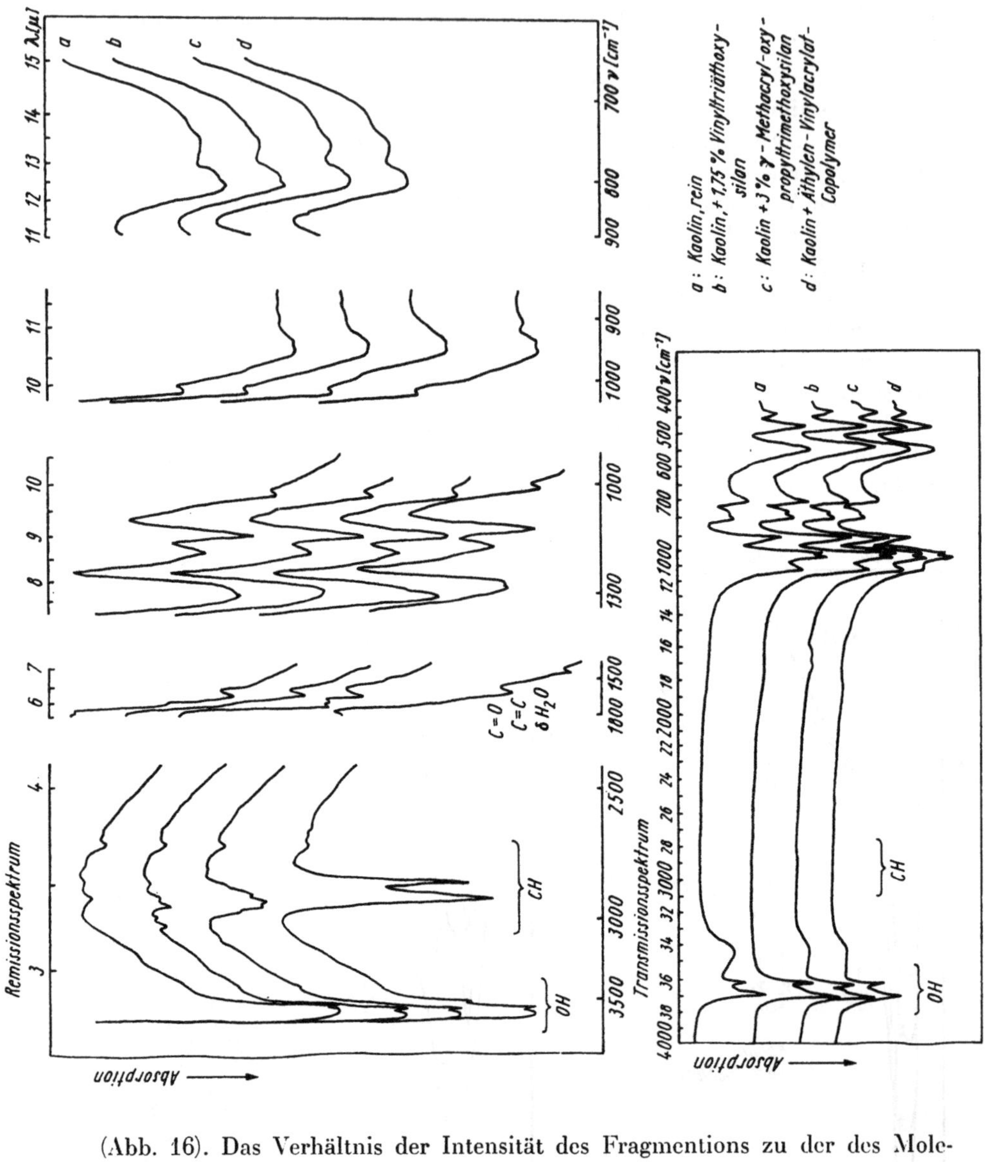


Abb. 14 IR-Remissions- und Transmissionsspektren

(Abb. 16). Das Verhältnis der Intensität des Fragmentions zu der des Molekülions ist ein Maß für die Elektronendichte am Reaktionszentrum, in unserem Falle am Silicium. Elektronendonatoren R erhöhen, Elektronenakzeptoren R vermindern die Elektronendichte am Silicium. In Abb. 17 ist die Ausbeute der

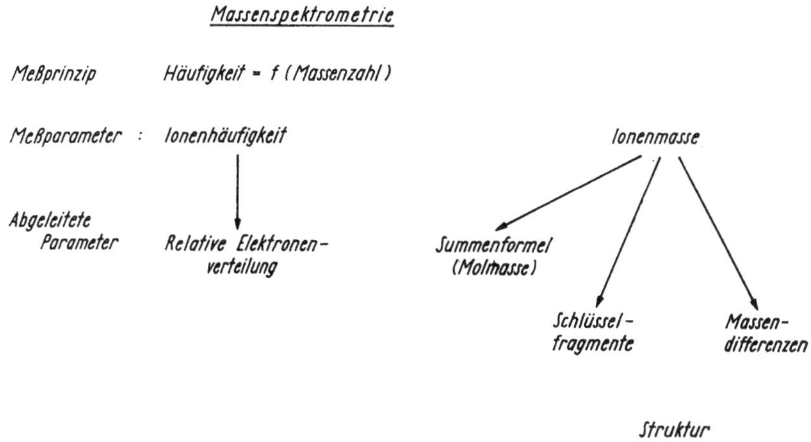


Abb. 15 Massenspektrometrie. Häufigkeit als Funktion der Massenzahl

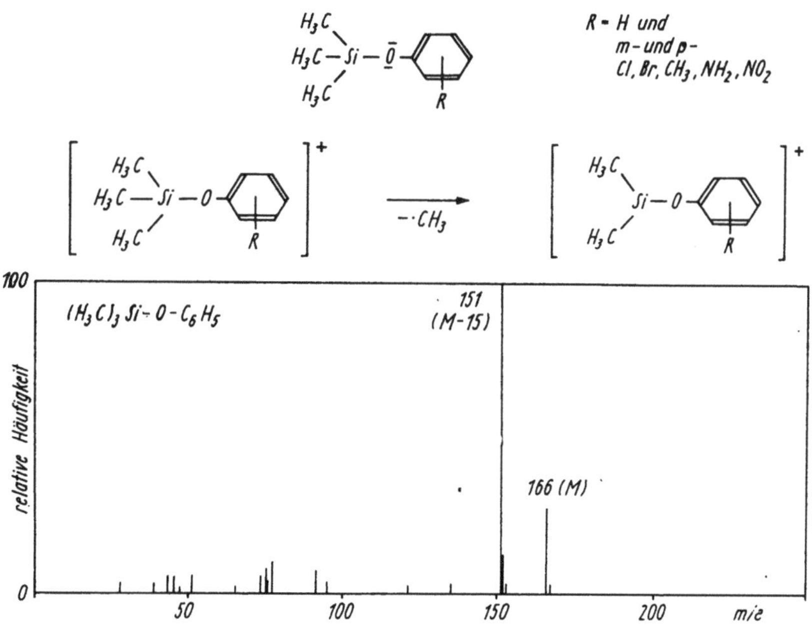


Abb. 16 Zerfallsschema und Massenspektrum der Trimethylphenoxysilane

Methylradikalabspaltung vom Molekülion substituierter Trimethylphenoxysilane als Funktion der quantenchemisch berechneten Ladungsdichte am Silicium dargestellt.

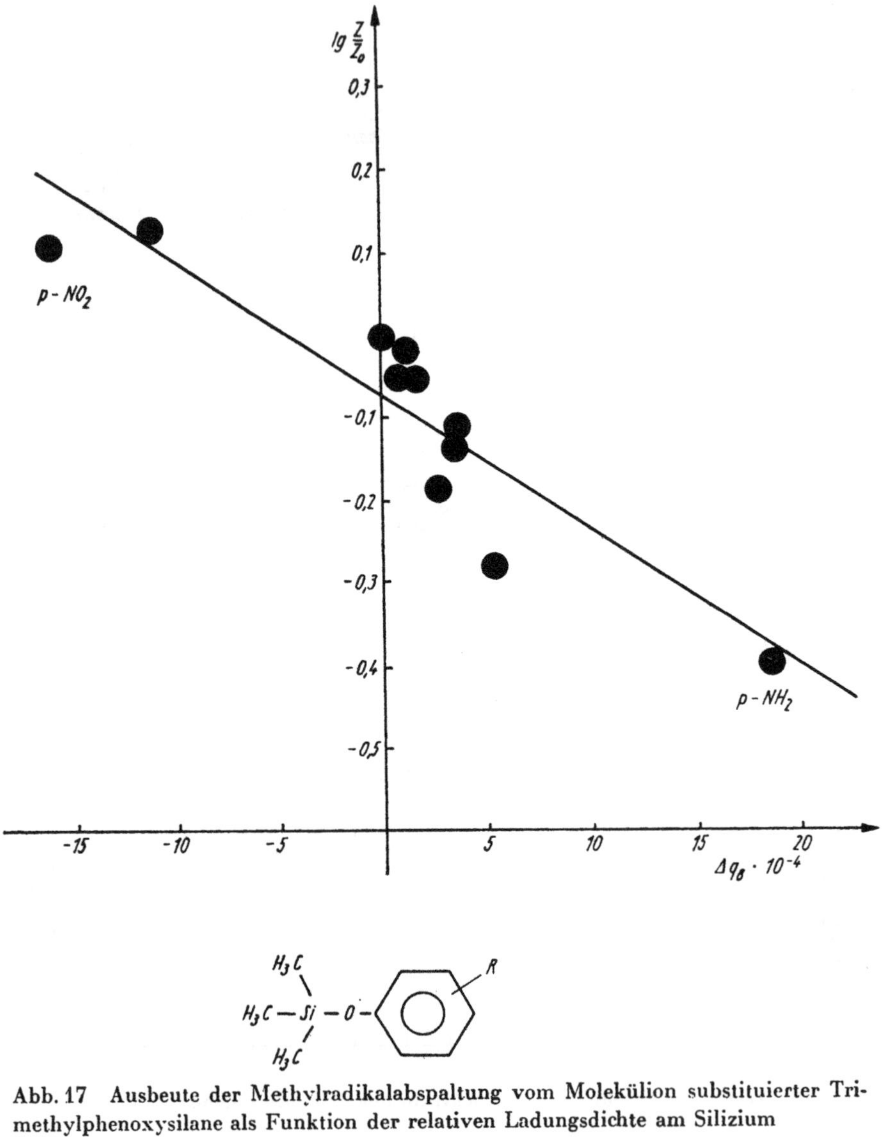


Abb. 17 Ausbeute der Methylradikalabspaltung vom Molekülion substituierter Trimethylphenoxysilane als Funktion der relativen Ladungsdichte am Silizium

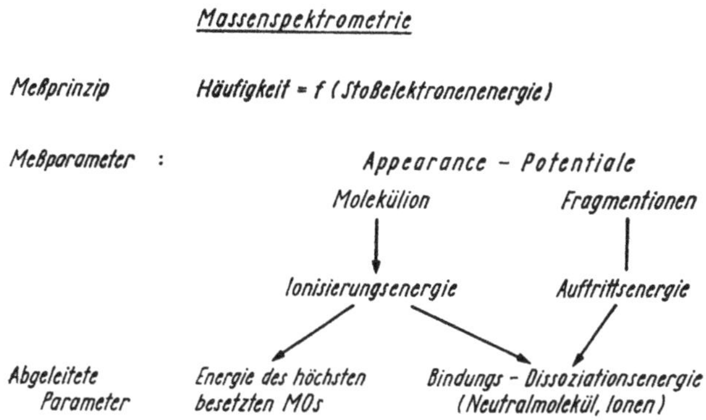


Abb. 18 Massenspektrometrie. Häufigkeit als Funktion der Stoßelektronenenergie

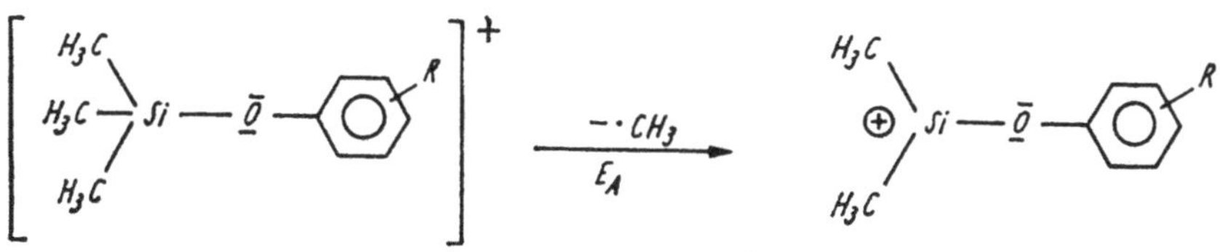


Abb. 19 Bindungsdissoziations-(Aktivierungs-)Energie von substituierten Trimethylphenoxysilanen

| R | $E_A$ [kcal/Mol] |
|---|---|
| p-$NH_2$ | 84,1 |
| m-$NH_2$ | 70,5 |
| p-$CH_3$ | 56,7 |
| m-$CH_3$ | 51,6 |
| -H | 47,2 |
| p-Br | 58,8 |
| m-Br | 45,8 |
| p-Cl | 58,1 |
| m-Cl | 45,2 |
| m-$NO_2$ | 35,0 |
| p-$NO_2$ | 35,5 |

(Bindungsdissoziationsenergie Si-C in $Si(CH_3)_4$ : 69,3 kcal/Mol)

Das zweite eingesetzte Meßprinzip beruht darauf, die Häufigkeit eines bestimmten Ions als Funktion der Elektronenstoßenergie zu bestimmen (Abb. 18). Wie aus der Abbildung ersichtlich, erhält man dabei die Energie des höchsten besetzten Molekülorbitals bzw. Bindungs- und Dissoziationsenergien. Abb. 19

zeigt, daß die Dissoziationsenergie der Si—$CH_3$-Bindung in den substituierten Trimethylphenoxysilanen sehr stark vom Substituenten abhängt. Abb. 20 schließlich veranschaulicht den Zusammenhang zwischen der relativen Ladungsdichte am Silicium und der Aktivierungsenergie der Reaktion $M^+ \rightarrow$ (M-15).

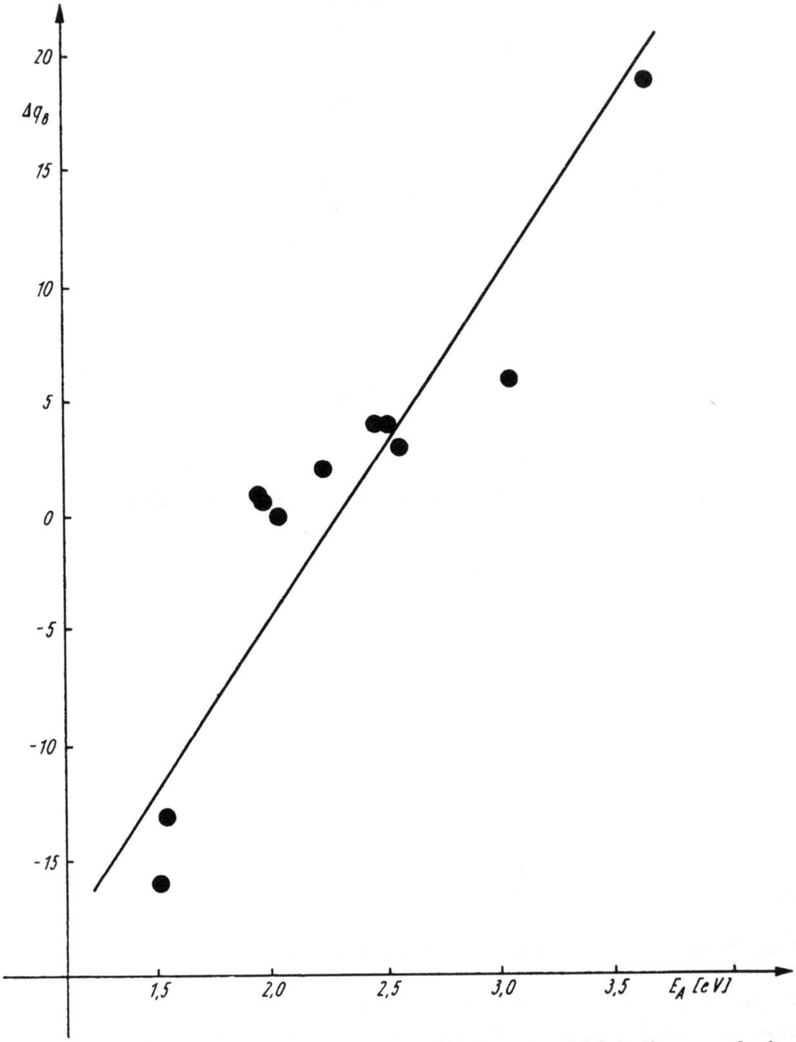


Abb. 20 Relative Ladungsdichte $\Delta\ q_8$ am Silizium der Molekülionen substituierter Trimethylphenoxysilane als Funktion der Aktivierungsenergie der Reaktion $M^+ \rightarrow$ (M-15)

### 3. *Schlußbemerkung*

In den Thesen und anhand der Beispiele ist versucht worden, einige Möglichkeiten und Grenzen der Strukturanalyse aus heutiger Sicht aufzuzeigen.

Es ist wichtig, daß der komplexe Einsatz verschiedener instrumentalanalytischer Methoden umfassende und gesicherte Information über die Struktur im eingangs definierten Sinne liefert. Die Beispiele haben gezeigt, daß ein analytisches Kollektiv heute ein weites Spektrum von Substanzen und Problemen bearbeiten muß. Dies ist nur möglich, wenn sehr enge und gute Beziehungen zu anderen Wissenschaftlern wie Organikern, Anorganikern, Biologen und anderen bestehen. Ein-Mann-Arbeit ist in der modernen analytischen Chemie uneffektiv. Die oben kurz skizzierten Ergebnisse und viele andere waren nur durch eine gute Zusammenarbeit eines größeren Kollektivs von Wissenschaftlern zu erhalten, die für verschiedene Methoden jeweils Spezialisten sind, sich aber untereinander sehr gut verstehen.

Für viele Anregungen und Diskussionen bei der Formulierung der Thesen danke ich besonders Herrn Dr. habil. R. Radeglia.

Harry Pfeifer

## Diskussionsbemerkungen

Die Aussage, daß eine Strukturinformation sicherer wird, wenn man mehrere Methoden bzw. Parameter zur Aufklärung heranzieht, ist grundsätzlich richtig. Ich möchte aber mit allem Nachdruck vor der Gefahr warnen, die sich ergibt, wenn man in dem Bestreben, möglichst viele Methoden zum Einsatz zu bringen, die Grenzen der Aussagefähigkeit der verwendeten Verfahren nicht mehr hinreichend kritisch einschätzen kann. Der Zusammenhang zwischen den Meßparametern und der Struktur kann, worauf auch im Schema des Vortrags hingewiesen wird, stets nur näherungsweise hergestellt werden, und es ist oft nur dem langjährig mit dieser Methode befaßten Spezialisten oder Spezialistenkollektiv möglich, den Grad der Näherung oder mögliche Mehrdeutigkeiten zu erkennen. Die obige Aussage sollte also auf jeden Fall dahingehend ergänzt werden, daß der Einsatz mehrerer Methoden nur dann zu einem Gewinn führt, wenn ein hinreichend großer Stab ausgebildeter Spezialisten für die verschiedenen Verfahren zur Verfügung steht.

Eine große Breite ohne genügende Tiefe wird ebenso zu Fehlinterpretationen führen wie die Anwendung nur eines Verfahrens.

Der Satz, daß vielfach noch eine Empfindlichkeitssteigerung nötig ist, um bei Grenzflächenuntersuchungen einwandfrei auswertbare Spektren zu erhalten, sollte in bezug auf die Stoffsysteme konkretisiert werden. Bei den für die Stofftrennung und Katalyse wichtigen Adsorbentien mit großen spezifischen Oberflächen ( 10 $m^2/g$) sind praktisch alle Methoden, selbst die infolge der geringen Quantenenergie relativ unempfindliche magnetische Kernresonanz, anwendbar.

Bei den Stoffen mit kleiner spezifischer Oberfläche dagegen, die vor allem im Zusammenhang mit Anwendungen in der Elektrotechnik/Elektronik (z. B. Halbleiterkristalloberflächen) interessieren, ist nur ein Teil der Verfahren anwendbar, und man kann theoretisch abschätzen, daß die Empfindlichkeit bei einigen Methoden prinzipiell nicht erreicht werden kann, die für eine solche Anwendung erforderlich wäre.

Schließlich möchte ich noch auf ein interessantes Gegenbeispiel für den im allgemeinen richtigen Satz hinweisen, wonach die Methoden für die Aufklärung der statischen Struktur heute weiter entwickelt sind als für die dynamische Struktur. Es handelt sich um die magnetische Kernresonanz im Festkörper, die seit Ende der vierziger Jahre mit Erfolg zum Studium dynamischer Vorgänge angewandt wird, bei der sich aber erst seit wenigen Jahren mit der Entwicklung von speziellen Methoden zur Reduzierung des Dipol-Dipol-Wechselwirkungseinflusses auf die Spektren die Möglichkeit einer Analytik der statischen Struktur abzeichnet (hochauflösende Kernresonanz im Festkörper).

Lothar Kolditz

## Diskussionsbemerkungen

Der Informationsinhalt einer Messung mit einem modernen Analysengerät ist in der Regel größer als nach dem Stand der Kenntnisse gedeutet werden kann. Das gilt für Lösungen, wo bereits sehr komplizierte Verhältnisse vorliegen, mehr aber noch für den festen Körper, weil in diesem Fall die Wechselwirkung zwischen den Teilchen besonders groß ist und der Molekülbegriff nur noch bedingt verwendet werden kann. Daraus ergibt sich für die Analysenmeßtechnik die Aufgabe, nicht nur die Meßtechnik zur Untersuchung des festen Körpers gerätemäßig zu erweitern, sondern wohl mehr noch für die Verbesserung der Interpretationsmöglichkeit der Meßergebnisse zu sorgen.

## Literatur


[1] Vgl. u. a. S. Dähne und D. Leupold, Angew. Chem. **78**, 1029 (1966); Ber. Bunsenges. physik. Chem. **70**, 618 (1966).
[2] Kulpe, S., A. Zedler, S. Dähne und K.-D. Nolte: J. prakt. Chem. **315**, 865 (1973).
[3] Radeglia, R.: J. prakt. Chem. **315**, 1121 (1973); R. Radeglia, E. Gey, Th. Steiger, S. Kulpe, R. Lück, M. Ruthenberg, M. Stierl und S. Dähne: J. prakt. Chem. **316**, 766 (1974).
[4] Dähne, S., S. Kulpe und K.-D. Nolte: Z. Chem. **13**, 422 (1973).
[5] Engelhardt, G., Gy. Schneider, I. Weisz-Vince und A. Vass: J. prakt. Chem. **316**, 391 (1974).
[6] Engelhardt, G., H. Jancke, D. Hoebbel und W. Wieker: Z. Chem. **14**, 109 (1974).
[7] Engelhardt, G., M. Mägi und E. Lippmaa: J. Organometal. Chem. **54**, 115 (1973).
[8] Reich, P.: Dissertation B, AdW der DDR, 94 (1975).
[9] Harris, R. K.: Vortrag Nr. 75 (C 2) XI$^{th}$ European Congress on Molecular Spectroscopy, Tallinn (UdSSR) 28. 5.–1. 6. 73.
[10] Pilz, W.: Dissertation A, AdW der DDR (1974).
[11] Dube, G.: J. prakt. Chem. **313**, 905 (1971); E. Gey und G. Dube: Z. Chem. **12**, 195 (1972); G. Dube: Dissertation B, AdW der DDR (1975).